もふもふフクロウ

ガルーさんの休日

Hello! GARU!!

はじめまして、ガルーです。

2015年9月22日生まれ

ベンガルワシミミズク（フクロウ）の男の子

体長 50cm　体重 ぴったり1kg

趣味 飼い主げんさんとのお散歩

好きなもの スリッパ、ぬいぐるみ

かかってこい！

スリスリ

ガルーとおさんぽ part1

「今日はどこに行く？」

観

ソフトクリーム
300円
バニラ&抹茶
バニラ
プレミアム
北海道ミルク
宇治抹茶
500円
湖東三山限定
近江の地酒 湖東三山
ソフトクリーム
でんがくみそ
400円
湖東三山限定
さしみこんにゃく
650円
滋賀県名物
手作りこんにゃく
300円

「いらっしゃいませー」

SECOM
POST

たばこ
万円納められ、
大きく役立っております
郵〒便
POST

GARU's Story

三羽の兄弟の中で、
ひと際大きな声で鳴く
元気な子がいました。
ふわふわの綿あめのような
体に、丸くて大きな目。
「うちに来る？」
「ぴぃ！」
生後間もないその子は
ガルーと名付けられました。

げんさんがいない日は、
お気に入りのスリッパで
一人遊びをするガルー。
でも、やっぱり一人は
寂しいようです。

「ただいまー」
「あ、帰ってきた！」
遊び盛りのガルーは
げんさんが帰ってきて
大はしゃぎです。
でも、大好きなスリッパは
決して放しません。

たくさん遊んで、食べて、寝て。
小さな子供が増えたように
げんさんの家は毎日賑やかです。
起きている時はもちろん、寝る時も
いつも二人いっしょに過ごします。
「パパさん、待って」と
言わんばかりにげんさんの後を
追いかけるガルー。

＼みつかっちゃった／

「こんな育て方でいいのかな？」
初めてフクロウを飼育する
げんさんにとっては毎日が
勉強の日々。お店に通ったり、
本を読んだり、どうすれば
ガルーが幸せになるか考えます。
肝心のガルーは、腕の上で
うとうと……そのまま
寝てしまいました。
「お休みガルー、また明日」

＼ かくれんぼ ／

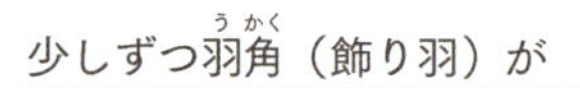

少しずつ羽角（飾り羽）が
生えてきたガルー。
ジャンプでテーブルに乗って
みせたり、リビングを飛んだり。
すっかりフクロウらしく
なってきました。
「でもスリッパは渡さない」
体は大きくなっても、
スリッパ好きは相変わらずです。

2歳を迎えて立派なフクロウに
なったガルー。車に乗って公園に
お出かけしたり、木に登って
自然を満喫したり。
一人前になったと思いきや、
最近ますます甘えるように
なったそうです。げんさんが
他の人と楽しくお話ししていると、
怒ることもあるとか。
「怒っちゃダメだよ、ガルー」
ガルーの甘えん坊が直るのには
まだまだ時間がかかりそうです。

in the room

溶けます。

ガルーは日向ぼっこが大好き。

天気の良い日は羽を広げて溶けることも。

寂しがりや。

げんさんの帰りを待つガルー。
帰ってくると嬉しくてキュンキュン鳴きます。

変幻自在。

羽を広げたり、首をかしげたり。
見ていて飽きないガルーの動き。

about GARU ❹

げんさんに質問！

飼育に必要な道具って？

フクロウにとって命綱ともいえるジェスとリーシュ（紐）はしっかりした物を選びたいです。それらを取り付けるためのアンクレット（足輪）は、脚を傷めないよう柔らかいカンガルー革がおすすめ。その他、ファルコンブロック（台）やグローブなど、様々な飼育道具が必要になります。

お手入れ

定期的なメンテナンスは必要不可欠。特に爪や嘴（くちばし）は放っておくと伸び続けてケガの原因になるので、専用の道具でしっかりケアしましょう。自分でできなくても、病院やお店によってはメンテナンスしてくれるところもあります。

羽は毎日抜ける？

基本的には毎日抜けますので、日々のお掃除は欠かせません。大きな羽だけでなく、軽くて小さな羽や、脂粉と呼ばれる粉がたくさん落ちるので、我が家では１日２回お掃除するようにしています。

食事について

主にウズラやマウスなどを主食として与えます。小型フクロウの場合はヒヨコや昆虫を与えることもあります。餌やりが苦手という人もいますが、餌やりこそ猛禽類を飼育する醍醐味とも言えます。命をいただくという意識を持って我が子を世話することはとても大切なことなのです。

耳はどこ？

耳は羽角の少し下、目の横あたりにあります。羽をより分けると、耳の穴がぽっかり開いていて、穴をよく見ると眼球の裏側が見えます。耳は左右で高さが違っており、音を立体的に捉えることができるので、真っ暗で視界の無いときでも獲物の場所を正確に把握することができます。

水浴びはする？

暑い日には水浴びをさせたり、シャワーをかけることもあります。タライなどに水を張っておくと、水浴びが好きな子は、自分からパシャパシャ水浴びします。あまり濡らしてしまうと羽の表面の油分が落ちて羽を傷めてしまいます。霧吹きで吹きかけてあげるだけでも十分です。

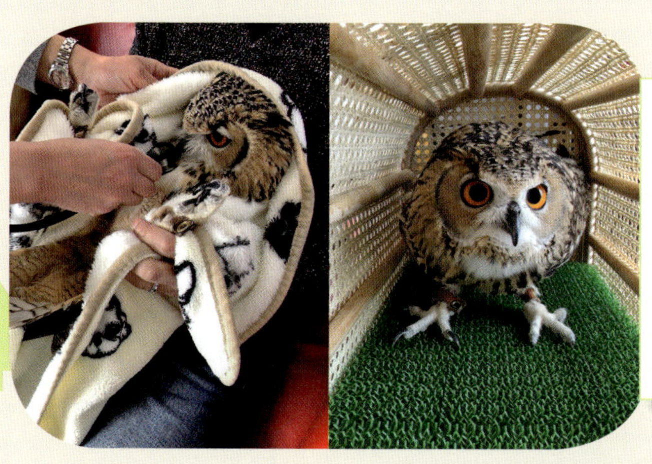

健康診断

フクロウを診察できる病院は限られています。自分の住む地域の近くに適切な病院があるか調べておきましょう。自分で健康チェックをするのはもちろんですが、定期的に病院で健康診断を受けるのが望ましいです。急に食欲が落ちた、喉で呼吸をする、便の色がおかしいなど、異常を感じたらすぐに病院に連れて行きましょう。

ガルーとおさんぽpart2

落注意

「何飲んでるの？」

Varius Faces

マジで!?
?
キリッ

Thank you! GARU!!

もしかしたら自分のことを人間だと思っているのでは？
ガルーを見ていると、そう感じることがあります。
仕事から帰ってくるとキュンキュンと鳴いて喜び、ちょっとごはんが遅れると
ドスの利いた声で怒ります。「はい、ただいま」なんて言いながらお世話をする
こともしょっちゅうで、飼い主というよりお世話係のような心境です。

この写真集は、そんなガルーと私たちの暮らしを紹介しています。
公園の草むらを走ったり、飛んだり、木に登ったりする姿を見ていると、
フクロウに対するイメージも変わるのではないでしょうか。
フクロウに興味のある方はもちろん、フクロウについてあまり知らなかった方も
「フクロウって面白いな」と思ってもらえたら嬉しいです。

最後に、この本をご覧になった方、そして制作に携わった多くの関係者に、
心よりお礼を申し上げます。

げんさん

この本の売上の一部は、獣医療機関の猛禽類医学研究所に寄付され、
絶滅危機に瀕した猛禽類の保護をはじめとした様々な活動に使用されます。

げんさんとガルー：

飼い主のげんさんと、フクロウ（ベンガルワシミミズク）のガルー。溶けるフクロウ動画がYouTubeをはじめ海外メディアで1000万回再生を突破し、日本だけでなく世界で話題となる。TwitterやInstagramでも、楽しい生活を公開している。滋賀県在住。

YouTube：GEN3 Owl Channel
Twitter　：「げんさんとガルー」@Gen3Act03
Instagram：「genz64」@genz64
blog　　：「フクロウ日和」https://ameblo.jp/bengaruwashi

黒須みゆき：

写真家。埼玉県出身。平間至氏に師事し1997年独立。主にタレントやミュージシャンのポートレイトを撮影。フクロウが大好きで、2014年『ふくろうデイズ』(KADOKAWA)発売。

編集&デザイン：樋口かおる(konekonote)

もふもふフクロウ　ガルーさんの休日

平成30年8月10日　初版第1刷発行

著　者　げんさん
　　　　黒須みゆき（写真）
発行者　辻浩明
発行所　祥伝社
〒101－8701
東京都千代田区神田神保町3－3
☎03（3265）2081（販売部）
☎03（3265）1084（編集部）
☎03（3265）3622（業務部）
印刷・製本　図書印刷

ISBN978-4-396-61659-5 C0095
祥伝社のホームページ・http://www.shodensha.co.jp/